Bibliografische Information der Deutschen Nationalbibliothek:

Die Deutsche Bibliothek verzeichnet diese Publikation in der Deutschen National-
bibliografie; detaillierte bibliografische Daten sind im Internet über http://dnb.d-
nb.de/ abrufbar.

Dieses Werk sowie alle darin enthaltenen einzelnen Beiträge und Abbildungen
sind urheberrechtlich geschützt. Jede Verwertung, die nicht ausdrücklich vom
Urheberrechtsschutz zugelassen ist, bedarf der vorherigen Zustimmung des Verla-
ges. Das gilt insbesondere für Vervielfältigungen, Bearbeitungen, Übersetzungen,
Mikroverfilmungen, Auswertungen durch Datenbanken und für die Einspeicherung
und Verarbeitung in elektronische Systeme. Alle Rechte, auch die des auszugsweisen
Nachdrucks, der fotomechanischen Wiedergabe (einschließlich Mikrokopie) sowie
der Auswertung durch Datenbanken oder ähnliche Einrichtungen, vorbehalten.

Impressum:

Copyright © 2016 GRIN Verlag, Open Publishing GmbH
Druck und Bindung: Books on Demand GmbH, Norderstedt Germany
ISBN: 978-3-668-20644-1

Dieses Buch bei GRIN:

http://www.grin.com/de/e-book/321316/deterministische-irrfahrten-auf-graphen

Katrin von Otte

Aus der Reihe: e-fellows.net stipendiaten-wissen

e-fellows.net (Hrsg.)

Band 1780

Deterministische Irrfahrten auf Graphen

GRIN Verlag

Fakultät für Mathematik und Naturwissenschaften
Technische Universität Ilmenau

Deterministische Irrfahrten auf Graphen

Katrin von Otte

Studiengang Mathematik

Diplomarbeit

Wintersemester 2015/16

Inhaltsverzeichnis

Mein besonderer Dank gilt meinem Betreuer Dr. Jens Schreyer, Christopher Löbens und Geraldine Utech für die verdienstvolle Aufgabe mich zu motivieren, Ellen Buchberger für die Hinweise zur Textgestaltung, meiner Familie, die mich bis zum heutigen Tag unterstützt hat, und Gott, der es überhaupt erst so weit hat kommen lassen.

1 Einleitung

Die Idee für diese Arbeit stammt von Prof. Armin Mikler 2007, der nach einem (möglichst deterministischen) Algorithmus suchte, der jede Ecke eines unbekannten Graphen mindestens einmal besucht und danach zur Ausgangsecke zurückkehrt. Insbesondere steht für diesen Algorithmus kein beliebig großer Speicher zur Verfügung, der durch die Irrfahrt mitgeführt wird, um den gesamten Graphen zu speichern. Die Fragestellung wäre dann trivial: Es wäre keine Markierung des Graphen notwendig, sondern der Graph würde als Ganzes gespeichert.

Aus dieser Grundidee entstanden die beiden deterministischen Irrfahrten: $\mathfrak{S}$ in der Eckenversion und $\mathfrak{S}'$ in der Kantenversion. Die deterministische Irrfahrt $\mathfrak{S}$ wählt von der Startecke aus eine benachbarte Ecke und im Anschluss immer die Ecke, die am seltensten besucht wurde, außer alle Ecken wurden gleich oft besucht, dann wird die nächste Ecke ausgewählt entsprechend einer zuvor festgesetzten Reihenfolge unter den Ecken. Die Irrfahrt endet, wenn die Startecke zum zweiten Mal erreicht wird.

Die deterministische Irrfahrt $\mathfrak{S}'$ wählt von der Startecke aus eine benachbarte Kante und im Anschluss immer die Kante, die am seltensten besucht wurde, außer alle Kanten wurden gleich oft besucht, dann wird die nächste Kante ausgewählt entsprechend einer zuvor festgesetzten Reihenfolge unter den Kanten. Die Irrfahrt endet, wenn die Startecke zum zweiten Mal erreicht wird.

Die beiden Irrfahrten sind – wie Abschnitt 4 bzw. 5 näher erläutern – im Allgemeinen nicht erfolgreich in ihrer Zielsetzung alle Ecken des Graphen zu erreichen, außer auf Bäumen mit dem Grad der Startecke $d_G(v_0) = 1$. Es ergeben sich neue Fragestellungen: Wird die Startecke zum zweiten Mal erreicht und ist die Irrfahrt somit endlich? Welchen Weg legt die Irrfahrt maximal zurück? Außerdem ergibt sich die Frage, ob es überhaupt einen Algorithmus geben kann, der durch reines Zählen der Besuche der Ecken bzw. Kanten das Netzwerk vollständig absuchen und danach zur Startecke zurückkehren kann.

Die dargestellten deterministischen Irrfahrten haben am Rande mit den aus der Literatur bekannten Irrfahrten zu tun, weisen allerdings gegenüber den in Abschnitt 2 genannten Irrfahrten die Besonderheit auf, dass jeder ihrer Schritte eindeutig festgelegt ist und es sich somit nicht um randomisierte Algorithmen handelt.

2 Einordnung in die Literatur

Den Begriff „Random Walk" (deutsch: Irrfahrt) führte Karl Pearson 1905 erstmalig ein, indem er nach einer Lösung für folgendes Problem fragte:

> "A man starts from a point O and walks l yards in a straight line; he then turns through any angle whatever and walks another l yards in a second straight line. He repeats this process n times. I require the probability that after these n stretches he is at a distance between r and $r + dr$ from his starting point, O." ([PEA05])

Pearson erhielt kurz darauf von Lord Rayleigh eine Antwort, die das Problem für große n zurückführt auf eine Überlagerung von n Schwingungen gleicher Frequenz und gleicher Amplitude, deren Phase zufällig verteilt ist (vgl. [PEA05]). Er folgert daraus:

> "The lesson of Lord Rayleigh's solution is that in open country the most probable place to find a drunken man who is at all capable of keeping on his feet is somewhere near his starting point!" ([PEA05])

Seit diesen Anfängen hat sich das Gebiet der Irrfahrten rasant entwickelt, sodass allein in den Jahren 2007 bis 2015 das TIB-Portal (https://www.tib.eu/ – Einsichtnahme: 08.03.2016) im Fachbereich Mathematik an die 8000 Arbeiten zum Schlagwort „Random Walk" liefert. Heute werden Irrfahrten nicht nur in der Biologie oder Physik als Lösungskonzepte erfolgreich angewendet:

Online-Händler wollen ihren Kunden in der nicht zu überschauenden Menge an Produkten eine kleine Auswahl an Produkten empfehlen, die am wahrscheinlichsten zu den Vorlieben des Kunden passen. Die entsprechenden Empfehlungsdienste („Recommender Systems") nutzen dann Irrfahrten, um im bipartiten Graphen aus Nutzern und Produkten neue Produkte vorzuschlagen. (vgl. [COO14]) So z.B. der Online-Händler „Amazon":

Ihre zuletzt angesehenen Artikel und besonderen Empfehlungen

Inspiriert von Ihrem Browserverlauf

Der fünfte Elefant: Ein
Scheibenwelt-Roman
› Terry Pratchett
⭐⭐⭐⭐☆ 103
Taschenbuch
EUR 9,99 ✓Prime

The Pocket Hobbit. 75th
Anniversary Edition
John Ronald Reuel...
⭐⭐⭐⭐☆ 1.266
Gebundene Ausgabe
EUR 11,95 ✓Prime

Via Francigena - Auf dem
Frankenweg von...
› Günter Kromer
⭐⭐☆☆☆ 6
Broschiert
EUR 19,95 ✓Prime

Abb. 2.1: Empfehlungsdienst des Online-Händlers „Amazon"

Irrfahrten können genutzt werden, um den Algorithmus „PageRank" der „Google Search" für die Ecken eines Netzwerks auszurechnen (vgl. [ATI13]) und damit Suchergebnisse der Suchmaschine „Google" in ihrer Reihenfolge und Relevanz zu ordnen:

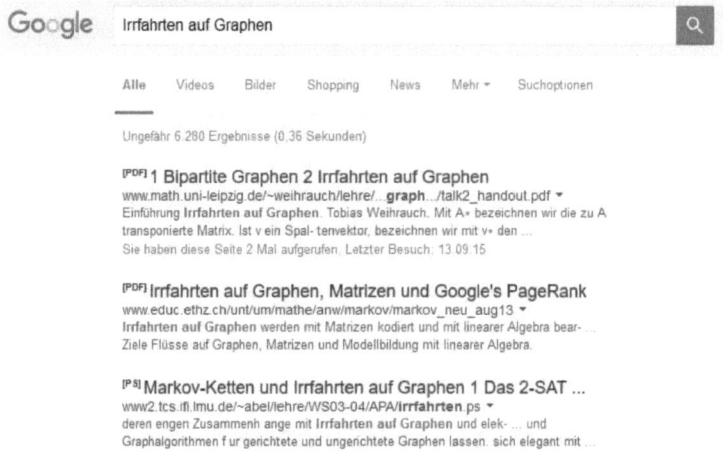

Abb. 2.2: Suchergebnisliste der Suchmaschine „Google"

Irrfahrten können genutzt werden, um Verbindungen in sozialen Netzwerken vorher-zusagen und vorzuschlagen (vgl. [BAC11]), z.B. für ein Konto des sozialen Netzwerks „Facebook".

Im Gegensatz zu den im Folgenden dargestellten deterministischen Irrfahrten be-trachtet László Lovász in seiner Zusammenfassung „Random walks on graphs: A survey."([LOV93]) ausschließlich Irrfahrten, die dadurch entstehen, dass von einer Ecke aus alle benachbarten Ecken mit gleicher Wahrscheinlichkeit gewählt werden. Dabei ist ein Startpunkt gegeben; von dort wird ein zufälliger Nachbar ausgewählt, zu dem sich die Irrfahrt weiterbewegt. Danach wird wiederum ein zufälliger Nachbar aus-gewählt, zu dem sich die Irrfahrt weiterbewegt usw. Die Irrfahrt sei definiert wie folgt: Die Irrfahrt starte an einer Ecke v_0. Wenn der t-te Schritt die Ecke v_t erreicht, bewegt sich die Irrfahrt mit der Wahrscheinlichkeit $\frac{1}{d(v_t)}$ zu einem Nachbarn von v_t. Diese Folge zufälliger Ecken charakterisiert Lovász demzufolge als endliche, zeit-reversible Markow-Kette. (vgl. [LOV93])

Die klassische Theorie der Irrfahrten beschäftigt sich mit Irrfahrten auf einfachen, aber unendlichen Graphen, wie Gittern. Es ergeben sich Fragen wie: Kehrt die Irrfahrt mit Wahrscheinlichkeit 1 zum Startpunkt zurück? Kehrt die Irrfahrt unendlich oft dorthin zurück? (vgl. [LOV93]) So zeigt ein – für weitere Forschung bahnbrechender – Satz von Pólya 1921: Eine Irrfahrt auf einem d-dimensionalen Gitter kehrt (mit Wahrscheinlichkeit 1) unendlich oft zum Startpunkt zurück, wenn $d = 1$ oder $d = 2$, aber nur endlich oft, wenn $d \geq 3$. (vgl. [POL21], 150)

Weitere und aktuellere Ergebnisse finden sich u.a. in der 2006 überarbeiteten Version des Buches „Random walks and electric networks"([DOY06]) von Peter Doyle und Lau-rie Snell. Die Autoren zeigen den Zusammenhang zwischen Irrfahrten und der Theorie elektrischer Netzwerke und argumentieren wesentlich mit Rayleighs Monotoniegesetz („Rayleigh's Monotonicity Law") aus der Theorie elektrischer Netzwerke: Werden die Widerstände eines Stromkreises erhöht, kann der effektive Widerstand R_{eff} zwischen zwei beliebigen Punkten nur steigen. Werden die Widerstände gesenkt, kann der effek-tive Widerstand nur sinken. (vgl. [DOY06], 54)

Eine aktuelle Publikation in dieser Richtung bildet Wolfgang Woess' „Random Walks on Infinite Graphs and Groups" aus dem Jahr 2000, worin er als Zustandsraum der Markow-Kette diskrete aber unendliche Graphen und Gruppen (durch ihren Cayleygra-phen) zugrunde legt. Woess behandelt Transienz/Rekurrenz, Abklingen und asympto-tisches Verhalten von Übergangswahrscheinlichkeiten, Fluchtrate, Konvergenz im Un-endlichen zu einer Schranke und harmonische Funktionen. (vgl. [WOE00], viii) Als ein wesentliches Werkzeug in der Betrachtung von Markow-Ketten nutzt Woess den Spektralradius. (vgl. [WOE00], 81f.) Als Verallgemeinerung des obigen Satzes von Pólya zeigt er einen lokalen zentralen Grenzwertsatz für Gitter. (vgl. [WOE00], 139f.)

Die Ergebnisse über unendliche Graphen werden noch erweitert durch das Konzept transfiniter Graphen, bei denen zwei Kanten durch einen unendlich langen Weg verbunden sein können. (vgl. [ZEM96], 12f.)

Nach den Anfängen der klassischen Theorie der Irrfahrten kamen neue Betrachtungen hinzu über allgemeinere, aber endliche Graphen. Die in diesem Zusammenhang untersuchten Aspekte waren gegenüber den unendlichen Graphen quantitativer: Welchen Weg legt die Irrfahrt zurück, bevor sie zur Startecke zurückkehrt? Wie lang ist die Irrfahrt, bis alle Ecken erreicht wurden? Wie lang ist sie, bis eine bestimmte Ecke erreicht wurde? Wie schnell konvergiert die Verteilung der Irrfahrt zu ihrer Grenzverteilung? (vgl. [LOV93]) Eine Zusammenfassung dieser Ergebnisse bis 1993 findet sich bei Lovász in [LOV93]:

Er gibt Ergebnisse an für die „access time" bzw. „hitting time" H_{ij}, die die erwartete Zahl an Schritten darstellt, bevor die Ecke j besucht wird, wenn man von der Ecke i startet. Die „commute time" bezeichnet den Erwartungswert für den Weg von Ecke i zu Ecke j und wieder zurück: $H_{ij} + H_{ji}$. Die erwartete Anzahl an Schritten, um jede Ecke zu erreichen, berechnet er in der „cover time". Die „mixing rate" hingegen bildet ein Maß, wie schnell die Irrfahrt konvergiert zu ihrer Grenzverteilung.

Eine wichtige Motivation für diese Theorien über endliche Graphen bildet die Nutzung von Irrfahrten als Algorithmus. Denn Irrfahrten können genutzt werden, um „verborgene" Bereiche großer Mengen zu erreichen, und um zufällige Elemente großer und komplizierter Mengen zu erzeugen, z.B. perfekte Matchings in einem Graphen. (vgl. [LOV93]) Weitere Ergebnisse zu diesen Aspekten finden sich in der 2014 überarbeiteten, aber unfertigen Monografie „Reversible Markov Chains and Random Walks on Graphs"([ALD14]) von David Aldous und James A. Fill, die insbesondere auch auf die algorithmischen Anwendungen eingeht, sowie in [DOY06].

Eine gewisse, wenn auch kleine Ähnlichkeit zu den hier dargestellten deterministischen Irrfahrten bildet der „self-avoiding walk" aus [LOV93], denn die beschriebenen deterministischen Irrfahrten vermeiden – wie der „self-avoiding walk" – die Wiederholung einer Ecke bzw. Kante, solange noch ungenutzte Nachbarn vorhanden sind. Weitere Ergebnisse zum „self-avoiding walk" finden sich in Neal Madras, Gordon Slade: „The Self-Avoiding Walk"([MAD93]) von 1993. Signifikantere Ähnlichkeiten zu den hier dargestellten deterministischen Irrfahrten kommen in der Literatur nicht vor.

3 Graphentheoretische Grundlagen

DEFINITION 1. *Ein* Graph *ist ein Paar* $G = (V, E)$ *disjunkter Mengen mit* $E \subseteq [V]^2$; *die Elemente von* E *sind also 2-elementige Teilmengen von* V. *Die* n *Elemente* $v_0, v_1, ..., v_{n-1}$ *von* V *seien die* Ecken *des Graphen* G, *die* m *Elemente* $e_0, e_1, ..., e_{m-1}$ *von* E *seine* Kanten.

Eine Ecke v_i *und eine Kante* e inzidieren *miteinander und heißen* inzident, *wenn* $v_i \in e$ *gilt. Die beiden Ecken einer Kante sind ihre* Endecken, *und die Kante* verbindet *diese Ecken. Eine Kante* $\{v_i, v_j\}$ *sei kurz bezeichnet mit* $v_i v_j$ *(oder* $v_j v_i$*). Die Menge* $E(v, V \setminus \{v\})$ *aller mit* v *inzidenten Kanten sei bezeichnet mit* $E(v)$.

(vgl. [Graphentheorie], 2)

Zwei Ecken v_i, v_j *von* G *sind* adjazent *oder* benachbart *in* G *und heißen* Nachbarn *von-einander, wenn* $v_i v_j \in E(G)$ *ist. Zwei Kanten* $e \neq f$ *sind* benachbart, *falls sie eine ge-meinsame Endecke haben. Sind je zwei Ecken von* G *benachbart, so heißt* G vollständig. *Der vollständige Graph auf* n *Ecken sei bezeichnet mit* K_n. *(vgl. [Graphentheorie], 3)*

DEFINITION 2. *Die Menge der Nachbarn einer Ecke* v *sei bezeichnet mit* $N(v)$. *Der* Grad $d_G(v) = d(v)$ *einer Ecke* v *gibt die Anzahl* $|E(v)|$ *der mit* v *inzidenten Kanten an. Die Zahl* $\Delta(G) := \max\{d(v) | v \in V\}$ *heißt* Maximalgrad. *(vgl. [Graphentheorie], 5)*

DEFINITION 3. *Der* Abstand *zweier Eckenmengen* X, Y *in* G *ist die geringste Länge eines* $X - Y$*-Weges in* G; *existiert kein solcher Weg, so sei ihr Abstand unendlich. Den Abstand zweier einzelner Ecken* x *und* y *bezeichnen wir mit* $d_G(x, y)$. *Der größte Abstand zweier Ecken in* G *ist der* Durchmesser diam(G) *von* G. *([Graphentheorie], 9)*

DEFINITION 4. *Ein* Kantenzug K *der* Länge $l = k$ *in einem Graphen* G *ist ei-ne nicht leere Folge* $v_0 e_0 v_1 e_1 ... e_{k-1} v_k$ *von abwechselnd Ecken und Kanten aus* G *mit* $e_i = \{v_i, v_{i+1}\}$ *für alle* $i < k$. *(vgl. [Graphentheorie], 11) Da alle hier betrachteten Graphen schlicht sind, schreiben wir auch* $v_0 v_1 ... v_k$. *Ein Kantenzug heiße* geschlossen, *wenn er in der Startecke endet. Der* Grad im Kantenzug $d_K(v_i)$ *gebe an, wieviele ein-gehende und ausgehende Kanten die Ecke* v_i *innerhalb des Kantenzugs* K *besitzt. Der* Grad einer Kante im Kantenzug $d_K(e_i)$ *gebe an, wie oft die Kante* e_i *im Kantenzug* K *auftritt.*

DEFINITION 5. *Ein zusammenhängender Graph, der keinen Kreis enthält, ist ein* Baum. *Ein* Wurzelbaum *enthält eine ausgezeichnete Ecke, die* Wurzel. *Alle anderen Ecken vom Grad 1 außer der Wurzel sind seine* Blätter. *(vgl. [Graphentheorie], 14)*

6

DEFINITION 6. *Ein Graph $G = (V, E)$ heißt <u>bipartit</u>, wenn eine Partition von V in zwei Teile existiert, so dass die Endecken einer jeden Kante von G in verschiedenen Partitionsklassen liegen: Ecken aus der gleichen Klasse dürfen nicht benachbart sein. Ist G ein bipartiter Graph, in dem je zwei Ecken aus den beiden verschiedenen Klassen benachbart sind, so heißt G <u>vollständig bipartit</u>. Sind a und b die Mächtigkeiten seiner zwei Partitionsklassen, so sei dieser (bis auf Isomorphie eindeutig bestimmte) Graph mit $K_{a,b}$ bezeichnet. (vgl. [Graphentheorie], 18) Die Partitionsklasse der Mächtigkeit a sei mit A bezeichnet, die der Mächtigkeit b mit B. Die Elemente aus A seien $a_0, a_1, ...a_{a-1}$, die Elemente aus B hingegen $b_1, b_2, ..., b_b$.*

DEFINITION 7. *Ein <u>offener Eulerzug</u> ist ein Kantenzug, der alle Kanten des Graphen genau einmal enthält und nicht geschlossen ist. Ein <u>geschlossener Eulerzug</u> enthält alle Kanten des Graphen genau einmal und endet in der Startecke.*

4 Die deterministische Irrfahrt $\mathfrak{I}$ in der Eckenversion

DEFINITION 8. *Eine <u>deterministische Irrfahrt</u> $\mathfrak{I} = \mathfrak{I}(G, v_0, (f_v)_{v \in V})$ auf dem Graphen G mit der <u>Startecke</u> v_0 und einer Familie von Abbildungen $(f_v)_{v \in V}$ mit*

$$f_v : N(v) \to \mathbb{N}, \quad injektiv$$

sei eine Folge von Kantenzügen $\mathfrak{I} = (K_0, K_1, ...)$, die schrittweise entstehe:
Es sei $K_0 := v_0$. $K_p := v_0 ... v_p$.
$K_{p+1} := v_0 ... v_p v_{p+1}$, wobei $v_{p+1} \in N(v_p)$ mit $d_{K_p}(v_{p+1}) < d_{K_p}(v_i) \; \forall v_i \in N(v_p), v_i \neq v_{p+1}$ bzw. falls keine solche Ecke existiert, also $\exists v_i, v_j, i \neq j : d_{K_p}(v_i) = d_{K_p}(v_j) = \min\{d_{K_p}(v_r)|v_r \in N(v_p)\}$, dann sei $v_{p+1} \in N(v_p)$ mit $f_{v_p}(v_{p+1}) = \min\limits_{r}\{f_{v_p}(v_r)|v_r \in N(v_p) \wedge d_{K_p}(v_r) = \min\limits_{s}\{d_{K_p}(v_s)|v_s \in N(v_p)\}\}$.
Die Irrfahrt $\mathfrak{I} = (K_0, K_1, ..., K_p)$ ende, sobald $d_{K_p}(v_0) = 2$, und in diesem Fall, dass die Irrfahrt endet, sei der letzte Kantenzug bezeichnet mit K.
Eine Irrfahrt $\mathfrak{I}$ werde als <u>erfolgreich</u> bezeichnet, wenn bei der Rückkehr zur Startecke alle Ecken des Graphen mindestens einmal besucht wurden, d.h. $\forall v_i \in V : d_K(v_i) \geq 1$.

7

DEFINITION 9. *Es sei $l(\Im)$ die Länge des letzten Kantenzugs K der Irrfahrt $\Im$. Es sei $L(G, v_0)$ mit*

$$L(G, v_0) := \max\{\ l(\Im)\ \mid\ \Im = \Im(G, v_0, (f_v)_{v \in V})\ mit\ f_v : N(v) \to \mathbb{N}\ injektiv\}$$

die maximale Länge.

Für vollständige Graphen führt die Irrfahrt $\Im$ stets erfolgreich zur Startecke zurück, und die zurückgelegte Länge ist beschränkt durch $l \leq 2n - 1$. Die Irrfahrt beginnt in der Startecke und wählt die erste Ecke entsprechend $(f_v)_{v \in V}$ aus. Da alle Ecken, außer der Startecke und dieser ersten Ecke, erst 0 Mal besucht wurden, kann die Irrfahrt erst zur Startecke zurückkehren, wenn alle diese Ecken einmal besucht wurden. Im maximalen Fall werden alle Ecken zweimal besucht, bevor die Irrfahrt wieder in die Startecke zurückkehrt. In diesem Fall nimmt die zurückgelegte Länge den maximalen Wert $L = 2n - 1$ an.

Für Wege kehrt die Irrfahrt $\Im$ mit dem Kantenzug $v_0 v_1 ... v_{n-1} ... v_1 v_0$ nach einer Länge von $l = 2(n - 1)$ oder nach der maximalen Länge $L = 2n$ mit dem Kantenzug $v_0 v_1 ... v_{n-1} v_{n-2} v_{n-1} v_{n-2} ... v_1 v_0$ erfolgreich zur Startecke zurück. Für Kreise kehrt die Irrfahrt nach der Länge n mit dem Kantenzug $v_0 v_1 ... v_{n-1} v_0$, nach der Länge $(n-1)+3$ mit dem Kantenzug $v_0 v_1 ... v_{n-1} v_{n-2} v_{n-1} v_0$ oder nach der für $n > 3$ maximalen Länge $2(n-1)$ mit dem Kantenzug $v_0 v_1 ... v_{n-1} ... v_1 v_0$ erfolgreich zur Startecke zurück.

PROPOSITION 1. *In einem Graphen G wird durch $\Im$ keine Ecke öfter als $2\Delta^{\mathrm{diam}(G)}$ Mal besucht.*

Daraus ergibt sich für die Länge $L(G, v_0) \leq (n - 1) \cdot 2\Delta^{\mathrm{diam}(G)} + 2$ und insbesondere

$$L(G, v_0)\ <\ \infty. \qquad (1)$$

Beweis. Beweis durch vollständige Induktion nach dem Abstand $d_G(v_0, x)$ von der Startecke. Sei x eine Ecke von G im Abstand $d_G(v_0, x) = 1$ von der Startecke. Wird diese Ecke zum $1 + 2(\Delta - 1)$-ten Mal besucht, wurde diese Ecke x in Richtung der Nachbarn $y \in N(x) \setminus \{v_0\}$ insgesamt $2(\Delta - 1)$ Mal verlassen. Nach den Regeln der Irrfahrt müssen die Nachbarn $y \in N(x) \setminus \{v_0\}$ mindestens zweimal besucht worden sein. Da die Startecke erst einmal besucht wurde, muss im nächsten Schritt entsprechend der Irrfahrt $\Im$ die Startecke besucht werden und die Irrfahrt endet. Die Ecke wurde also weniger als 2Δ Mal besucht. Diese Schranke $1 + 2(\Delta - 1)$ ist scharf für einen Stern mit dem Zentrum in x.

8

Die Induktionsvoraussetzung lautet: Eine Ecke x im Abstand $d_G(v_0, x) = k$ wird weniger als $2\Delta^k$ Mal besucht, d.h.

$$\forall x \in V(G): \quad d_G(v_0, x) = k \implies d_K(x) < 2\Delta^k.$$

Für eine Ecke x im Abstand $d_G(v_0, x) = k+1$ gilt dann: x hat einen Nachbarn $y \in N(x)$, der im Abstand $d_G(v_0, y) = k$ von der Startecke liegt, da der Graph zusammenhängend ist. Für diese Ecke y gilt dann, dass sie (laut Induktionsvoraussetzung) weniger als $2\Delta^k$ Mal besucht wurde. Angenommen die Ecke x würde mindestens $2\Delta^{k+1}$ Mal besucht, so wurde sie entsprechend den Regeln der Irrfahrt $\Im$ in Richtung der Nachbarn aus $N(x)$ mindestens $2\Delta^{k+1} - 1$ Mal verlassen. Daraus folgt entsprechend den Regeln der Irrfahrt insbesondere, dass die Ecke y zum mindestens $2\Delta^k$-ten Mal besucht wurde oder (wenn alle Ecken $N(x) \setminus \{y\}$ bereits $2\Delta^k$ Mal besucht wurden, die Ecke y aber nicht) spätestens im nächsten Zug die Ecke x in Richtung der Ecke y verlassen wird und damit die Ecke y mindestens $2\Delta^k$ Mal besucht wurde. Ein Widerspruch. Demzufolge wird die Ecke x weniger als $2\Delta^{k+1}$ Mal besucht.

Für alle Ecken des Graphen G gilt folglich, dass keine Ecke öfter als $2\Delta^{\text{diam}(G)}$ Mal besucht werden kann, da für jede Ecke x gilt: $d_G(v_0, x) \leq \text{diam}(G)$. ∎

LEMMA 1. *Die Kantenzüge der Irrfahrt $\Im$ haben – bevor die Startecke wieder erreicht wird – an der Startecke den Grad $d_{K_i}(v_0) = 1$ und an der Endecke einen ungeraden Grad. Alle anderen Ecken des Kantenzugs haben einen geraden Grad (genauso viele eingehende wie ausgehende Kanten). Im letzten Kantenzug K, mit dem die Irrfahrt zur Startecke zurückkehrt, haben alle Ecken einen geraden Grad, insbesondere hat die Startecke dann den Grad $d_K(v_0) = 2$.*

Beweis. Beweis durch vollständige Induktion nach der Länge l des Kantenzugs.

Sei $l = 1$. Die Irrfahrt verlässt die Startecke v_0 und befindet sich in einer Ecke v_1. Dadurch hat die Startecke genau eine ausgehende Kante und die folgende Ecke v_1 hat genau eine eingehende Kante. Es entstehen die Grade $d_{K_1}(v_0) = 1$ und $d_{K_1}(v_1) = 1$, während alle anderen Grade $d_{K_1}(v_i)$ gerade sind für alle $i \neq 1, i \neq 0$.

Sei $l = 2$. Die Irrfahrt verlässt im ersten Schritt die Startecke v_0. Dadurch hat die Startecke genau eine ausgehende Kante und die folgende Ecke hat genau eine eingehende Kante. Kehrt die Irrfahrt in die Startecke zurück, so entstehen $d_K(v_0) = 2$ und $d_K(v_1) = 2$. Besucht die Irrfahrt hingegen eine weitere Ecke $v_2 \neq v_0$, entstehen die Grade $d_{K_2}(v_0) = 1, d_{K_2}(v_1) = 2$ und $d_{K_2}(v_2) = 1$.

Die Behauptung gelte für $l = k$. Für $k + 1$ gelte dann die Behauptung bis zur Ecke v_k. In v_k gilt laut der Behauptung: $d_{K_k}(v_0) = 1$, alle $d_{K_k}(v_1), d_{K_k}(v_2), ..., d_{K_k}(v_{k-1})$ sind gerade und $d_{K_k}(v_k)$ ist ungerade. Verlässt die Irrfahrt im nächsten Schritt v_k und kehrt zur Startecke v_0 zurück, so ergibt sich: $d_K(v_0) = 2$ während die Grade $d_K(v_1), d_K(v_2), ..., d_K(v_k)$ gerade sind. Im Fall, dass die Irrfahrt eine Ecke $v_{k+1} \neq v_0$ besucht, entstehen die Grade: $d_{K_{k+1}}(v_0) = 1$; der Grad $d_{K_{k+1}}(v_{k+1})$ ist ungerade und alle Grade $d_{K_{k+1}}(v_i)$ sind gerade für alle $i \neq k + 1, i \neq 0$. ∎

Bei der Rückkehr zum Startpunkt muss das Netzwerk nicht vollständig bekannt sein, wie der Graph mit $f_{v_j}(v_i) = i, i \neq j$ in Abb. 4.3 zeigt.

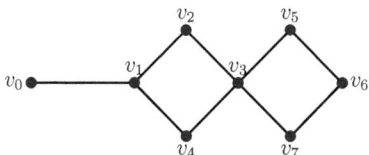

Abb. 4.3: Eine Irrfahrt $\Im$ mit unvollständig bekanntem Netzwerk

Die Irrfahrt kehrt nach dem ersten Umrunden des ersten Kreises $v_2 v_3 v_4 v_1$ in die Startecke v_0 zurück und endet dort. Der zweite Kreis $v_5 v_6 v_7 v_3$ bleibt demnach unbekannt.

4.1 Die deterministische Irrfahrt $\Im$ auf Bäumen

PROPOSITION 2. *Für Bäume ist die Irrfahrt $\Im$ erfolgreich gdw. der Grad der Startecke $d_G(v_0) = 1$.*

Beweis. (⇒)
Angenommen jede Irrfahrt sei erfolgreich.
z.z.: Die Startecke hat den Grad $d_G(v_0) = 1$.

Da Bäume laut Definition keine Kreise besitzen, kehrt die Irrfahrt aus demselben Nachbarn $y \in N(x)$ wieder in die Startecke zurück, mit dem sie auch im ersten Schritt gestartet ist. Andere Nachbarn $z_i \in N(x) \setminus \{y\}$ werden nicht benutzt. Nichtsdestotrotz ist die Irrfahrt erfolgreich, sodass folgt, dass es in der Startecke nur einen Nachbarn $y \in N(x)$ gibt, d.h. (da alle hier betrachteten Graphen schlicht sind) $d_G(v_0) = 1$.

($\Leftarrow$)

Angenommen die Startecke habe den Grad $d_G(v_0) = 1$.

z.z.: Die Irrfahrt ist erfolgreich.

Angenommen es existiere ein Kantenzug K, der nicht alle Ecken enthalte. Unter den Ecken, die nicht im Kantenzug enthalten sind, befindet sich eine Ecke $v_- \in G$, die einen Nachbarn $v_i \in K$ hat, denn der Graph G ist zusammenhängend. Nun gibt es in einem Baum nur einen Weg zwischen v_i und v_0. (vgl. [Graphentheorie], 15) Deshalb hat die Ecke v_i im Kantenzug, der von v_0 zu v_i führt, einen Nachbarn v_j, der mindestens einmal besucht wurde – und in den die Irrfahrt von v_i aus wieder zurückkehrt. Daraus folgt, dass die Irrfahrt $\mathfrak{F}$ in der Ecke v_i den Nachbarn v_j wählt, der bereits mindestens einmal besucht wurde, während ein anderer Nachbar v_- hingegen überhaupt nicht besucht wurde. Ein Widerspruch zur Regel der Irrfahrt.   ∎

Einen Baum G mit der Tiefe $z \geq 3$, der an jeder Ecke den Maximalgrad Δ annimmt, außer an der Wurzel, die zugleich die Startecke bildet und den Grad $d_G(v_0) = 1$ hat, und an den Blättern, von denen der Baum $(\Delta-1)^{(z-1)}$ viele hat, nenne ich im Folgenden „balancierten Δ-Baum".

PROPOSITION 3. *In einem „balancierten Δ-Baum" wird eine Ecke von G durch $\mathfrak{F}$ höchstens $\Delta(\Delta - 1) + 1$ Mal besucht. Die Irrfahrt der maximalen Länge hat dann eine Ecke, die dieses Maximum erreicht (vgl. Abb. 4.4). Daraus ergibt sich für die Länge* $L(G, v_0) \leq (n-1)(\Delta(\Delta - 1) + 1) + 2.$

Beweis. Beweis durch vollständige Induktion nach der Tiefe z des Baumes.

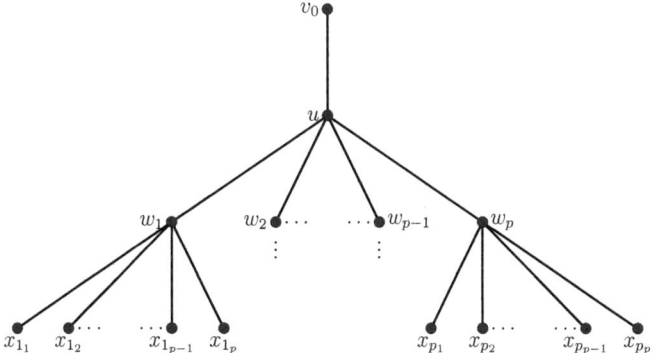

Abb. 4.4: In diesem „balancierten Δ-Baum" mit dem Maximalgrad $\Delta = p+1$ wird die Ecke w_p maximal $\Delta(\Delta - 1) + 1 = (p+1)p + 1$ Mal besucht.

Sei G ein „balancierter Δ-Baum", d.h. ein Baum mit der Tiefe $z = 3$ und dem Maximalgrad $\Delta = p + 1$, der an jeder Ecke angenommen werde, außer an der Wurzel, die zugleich die Startecke bilde und den Grad $d_G(v_0) = 1$ habe, und an den Blättern, von denen der Baum $(\Delta - 1)^{(z-1)}$ viele habe. Dann muss nach der Regel der Irrfahrt $\Im$ jede Ecke $w_1, ..., w_p$ (vgl. Abb. 4.4) einmal benutzt werden, bevor die Startecke v_0 wieder erreicht wird. Die Ecken $w_1, ..., w_p$ seien nach ihrem Auftreten im Kantenzug K nummeriert. Zuerst wird die Ecke w_1 mindestens $1 + p$ Mal und maximal $1 + 2p$ Mal besucht, indem die Irrfahrt aus der Ecke u kommt, jedes Blatt x_{1_1} bis x_{1_p} einmal bzw. zweimal besucht und dann in die Ecke u zurückkehrt. Die Ecke u wurde dann zweimal besucht, sodass nach der nächsten Ecke w_2 die Blätter x_{2_1} bis x_{2_p} mindestens zweimal und höchstens dreimal besucht werden, sodass die Ecke w_2 maximal $1 + 3p$ Mal besucht wird usw. bis zur Ecke w_{p-1}, die maximal $1 + p \cdot p$ Mal besucht wird, und der Ecke w_p, die maximal $1 + (p+1)p$ Mal besucht wird. Keine Ecke wird öfter als $1 + (p+1)p$ Mal besucht, und in einer Irrfahrt der maximalen Länge wird in der Ecke w_p das Maximum $1 + (p+1)p$ erreicht. Die Ecke u wird in jeder Irrfahrt genau $1 + p$ Mal besucht, und die Kante v_0u wird genau zweimal benutzt.

Die Induktionsvoraussetzung lautet für einen Baum der Tiefe $z = k$: Keine Ecke wird öfter als $1 + (p+1)p$ Mal besucht und in einer Irrfahrt der maximalen Länge wird in einer Ecke w_{i_p} (vgl. Abb. 4.5) das Maximum $1 + (p+1)p$ erreicht. Innere Ecken u_i (vgl. Abb. 4.5), die von einem Blatt einen Abstand $d_G(x_ju_i) \geq 2$ und von der Wurzel einen

Abstand $d_G(v_0 u_i) \geq 1$ haben, werden in jeder Irrfahrt genau $1 + p$ Mal besucht, und Kanten $u_i w_{i_r}$, $u_i u_j$ und $u_i v_0$ werden genau zweimal benutzt.

Dann gilt bei $z = k + 1$ für den Teilbaum T_1 (vgl. Abb. 4.5) der Tiefe k: Die Ecken w_{i_1} werden maximal $1 + 2p$ Mal besucht, die Ecken w_{i_2} maximal $1 + 3p$ Mal, ..., $w_{i_{p-1}}$ maximal $1 + p \cdot p$ Mal, w_{i_p} maximal $1 + (p + 1) \cdot p$ Mal; u_1 wird genau $1 + p$ Mal besucht, und die Kante $u_0 u_1$ wird genau zweimal benutzt. Analoge Aussagen gelten für die Teilbäume $T_2, \ldots, T_p$.

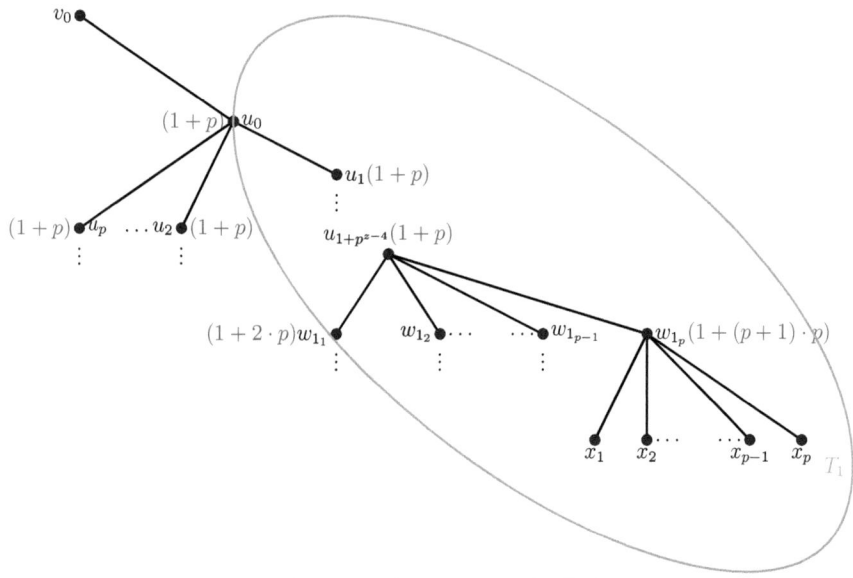

Abb. 4.5: Ein „balancierter Δ-Baum" mit der Tiefe $z \geq 5$

In der Wurzel u_0 des Teilbaums T_1 entstehen folglich p Teilbäume $T_1, \ldots, T_p$. u_0 kann dabei wie die Startecke behandelt werden, weil der Grad $d_K(u_i), i \neq 0$, jeweils $1 + p$ ist und deshalb diese Kanten $u_0 u_i, i \in \{1, \ldots, p\}$ jeweils genau zweimal benutzt werden und danach die Irrfahrt nicht wieder in eine Ecke $u_i, i \in \{1, \ldots, p\}$ zurückkehrt. Daraus ergibt sich, dass die Irrfahrt aus den p Teilbäumen genau p Mal zu u_0 zurückkehrt und dadurch in u_0 der Grad $1 + p$ entsteht.

Somit folgt, dass jede Ecke, deren Abstand von einem Blatt ≥ 2 ist, $1 + p$ Mal besucht wird, außer der Ecke v_0, mit deren zweitem Besuch die Irrfahrt endet.

Insgesamt ergibt sich also: Keine Ecke wird öfter als $1 + (p + 1)p$ Mal besucht, und in einer Irrfahrt der maximalen Länge wird in jeder Ecke w_{i_p} das Maximum $1 + (p + 1)p$ erreicht. Die inneren Ecken u_i, die von einem Blatt einen Abstand $d_G(x_j u_i) \geq 2$ und von der Wurzel einen Abstand $d_G(v_0 u_i) \geq 1$ haben, werden in jeder Irrfahrt $1 + p$ Mal besucht, und die zugehörigen Kanten $u_i w_{i_r}$, $u_i u_j$ und $u_i v_o$ werden genau zweimal benutzt. ∎

VERMUTUNG 1. *Für Caterpillars und Bäume wird eine Ecke durch die Irrfahrt $\mathfrak{I}$ höchstens $\mathcal{O}(\Delta^3)$ Mal besucht.*
Daraus ergibt sich für die Länge $L(G, v_0) \leq \mathcal{O}(n \cdot \Delta^3)$.

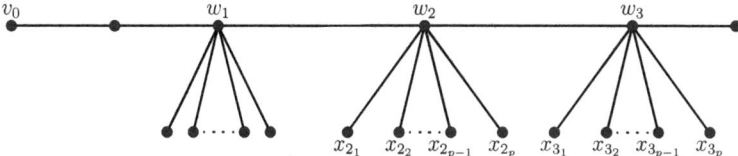

4.2 Die deterministische Irrfahrt $\mathfrak{I}$ auf vollständig bipartiten Graphen $K_{a,b}$

Für vollständig bipartite Graphen $K_{a,b}$ sei die Startecke v_0 o.B.d.A. ein Element der Partitionsklasse A.

PROPOSITION 4. *Die maximale Länge $L(K_{a,b}, v_0)$ für den vollständig bipartiten Graphen beträgt $4a - 2$.*

Beweis. z.z.: $L(K_{a,b}, v_0) \leq 4a - 2$.

Die Ecken aus A können höchstens zweimal besucht werden. In diesem maximalen Fall werden alle Ecken aus A, außer der Startecke, jeweils genau zweimal erreicht und verlassen. Die Startecke wird in diesem Fall genau einmal verlassen und erreicht. Daraus ergibt sich ein Maximum von $4a - 2$.

z.z.: $L(K_{a,b}, v_0) \geq 4a - 2$.

Abb. 4.6 zeigt eine zulässige Irrfahrt der Länge $l = 4a - 2$ mit $f_{v_0}(b_j) = j$, $f_{a_i}(b_j) = j$ und $f_{b_j}(a_i) = i$. Die maximale Länge $L(K_{a,b}, v_0)$ muss demzufolge mindestens genauso groß sein.

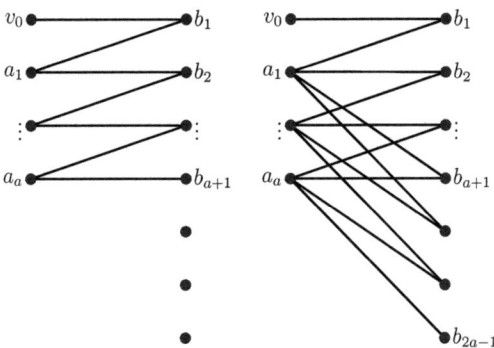

Abb. 4.6: Eine zulässige Irrfahrt $\mathfrak{I}$ der Länge $l = 4a - 2$ auf $K_{a,b}$

∎

Für vollständig bipartite Graphen $K_{a,b}$ mit $b \leq a$ ist jede Irrfahrt erfolgreich, weil erst alle Ecken in A einmal besucht sein müssen, bevor die Startecke zum zweiten Mal besucht werden kann. Wegen $b \leq a$ müssen dann auch alle Ecken in B mindestens einmal besucht worden sein. Im Allgemeinen enthält ein Kantenzug der maximalen Länge $L(K_{a,b}, v_0)$ in $K_{a,b}$ nicht alle Ecken, wie das folgende Beispiel eines $K_{3,6}$ mit $f_{v_0}(b_j) = j$, $f_{a_i}(b_j) = j$ und $f_{b_j}(a_i) = i$ in Abb. 4.7 zeigt:

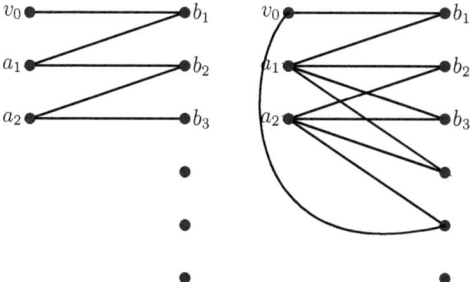

Abb. 4.7: Eine zulässige Irrfahrt $\Im$ auf dem $K_{3,6}$ mit $f_{v_0}(b_j) = j$, $f_{a_i}(b_j) = j$ und $f_{b_j}(a_i) = i$

PROPOSITION 5. *Ein Kantenzug maximaler Länge $L(K_{a,b}, v_0)$ enthält nur dann alle Ecken des vollständig bipartiten Graphen $K_{a,b}$, wenn $b \leq 2a - 1$.*

Beweis. ($\Rightarrow$)
Angenommen ein Kantenzug maximaler Länge enthalte alle Ecken des bipartiten Graphen.
z.z.: $b \leq 2a - 1$.

Die Ecken in A können höchstens $2a$ Mal besucht werden, da laut Definition von jeder Ecke in B eine Kante nach A führt, sodass spätestens als letzte Ecke v_0 zum zweiten Mal besucht wird, womit die Irrfahrt endet. Demzufolge können die Ecken in B höchstens $2a - 1$ Mal besucht werden. Laut Voraussetzung enthält der Weg alle Ecken, sodass sich ergibt: $b \leq 2a - 1$.

($\Leftarrow$)
Angenommen es sei $b \leq 2a - 1$.
z.z.: Ein Kantenzug maximaler Länge enthält alle Ecken des Graphen.

Laut Proposition 4 beträgt die maximale Länge $4a - 2$. Um diese Länge zu erreichen müssen alle $a_i \in A$ und $v_0 \in A$ zweimal besucht worden sein. Nun gilt weiterhin $b \leq 2a - 1$, und es gilt laut Definition der Irrfahrt $\Im$, dass zuerst alle Ecken besucht werden müssen, die noch nicht besucht wurden. Deshalb wurde jedes $b_j \in B$ mindestens einmal besucht. ∎

5 Die deterministische Irrfahrt $\mathfrak{I}'$ in der Kantenversion

DEFINITION 10. *Eine deterministische Irrfahrt* $\mathfrak{I}' = \mathfrak{I}'(G, v_0, (f_v)_{v \in V})$ *auf dem Graphen* G *mit der Startecke* $\underline{v_0}$ *und einer Familie von Abbildungen* $(f_v)_{v \in V}$ *mit*

$$f_v : E(v) \to \mathbb{N}, \quad injektiv$$

sei eine Folge von Kantenzügen $\mathfrak{I} = (K_0, K_1, \ldots)$*, die schrittweise entstehe:*
Es sei $K_0 := v_0$. $K_p := v_0 e_0 \ldots e_{p-1} v_p$.
$K_{p+1} := v_0 e_0 \ldots v_p e_p v_{p+1}$*, wobei* $e_p \in E(v_p)$ *die Kante in* $E(v_p)$ *sei mit* $d_{K_p}(e_{p+1}) <$
$d_{K_p}(e_i) \ \forall e_i \in E(v_p), e_i \neq e_{p+1}$ *bzw. falls keine solche Kante existiert, also* $\exists e_i, e_j, i \neq$
$j : d_{K_p}(e_i) = d_{K_p}(e_j) = \min\limits_{r}\{d_{K_p}(e_r) | e_r \in E(v_p)\}$*, dann sei* $e_p \in E(v_p)$ *mit* $f_{v_p}(e_p) =$
$\min\limits_{r}\{f_{v_p}(e_r) | e_r \in E(v_p) \wedge d_{K_p}(e_r) = \min\limits_{s}\{d_{K_p}(e_s) | e_s \in E(v_p)\}\}$.
Die Irrfahrt $\mathfrak{I}' = (K_0, K_1, \ldots, K_p)$ *ende, sobald* $d_{K_p}(v_0) = 2$*, und in diesem Fall, dass die Irrfahrt endet, sei der letzte Kantenzug bezeichnet mit* K.
Eine Irrfahrt $\mathfrak{I}'$ *werde als* erfolgreich *bezeichnet, wenn bei der Rückkehr zur Startecke alle Ecken des Graphen mindestens einmal besucht wurden, d.h.* $\forall v_i \in V : d_K(v_i) \geq 1$.

DEFINITION 11. *Es sei* $l(\mathfrak{I}')$ *die Länge des letzten Kantenzugs* K *der Irrfahrt* $\mathfrak{I}'$.
Es sei $L'(G, v_0)$ *mit*

$$L'(G, v_0) := \max\{\ l(\mathfrak{I}') \ | \ \mathfrak{I}' = \mathfrak{I}'(G, v_0, (f_v)_{v \in V}) \ mit \ f_v : N(v) \to \mathbb{N} \ injektiv\}.$$

die maximale Länge.

Für Kreise kehrt die Irrfahrt $\mathfrak{I}'$ stets nach der maximalen Länge $L' = m$ erfolgreich zur Startecke zurück. Wege werden durch die Irrfahrt $\mathfrak{I}'$ immer mit der Länge $L' = 2m$ erfolgreich abgelaufen.

Stellt die Irrfahrt einen geschlossenen Eulerzug dar, so ist die Weglänge immer $L' = m$ und die Irrfahrt ist erfolgreich. Die Startecke hat dann den Grad $d_G(v_0) = 2$.

Beginnt die Irrfahrt mit einem offenen Eulerzug, dessen Endecke nicht die Startecke ist, so hat die Startecke Grad $d_G(v_0) = 1$ und der maximale Weg ist beschränkt durch $2m$, indem der umgekehrte Weg auf dem Rückweg benutzt wird. Dieser Fall ist eine erfolgreiche Irrfahrt.

Hat die Startecke einen Grad $d_G(v_0) \geq 2$, so kann die Irrfahrt entweder dieselbe inzidente Kante zweimal benutzen oder zwei inzidente Kanten jeweils einmal.

17

LEMMA 2. *Die Kantenzüge der Irrfahrt $\mathfrak{I}'$, haben – bevor die Startecke wieder erreicht wird – an der Startecke den Grad $d_K(v_0) = 1$ und an der Endecke einen ungeraden Grad, alle anderen Ecken des Kantenzugs haben geraden Grad (genauso viele eingehende wie ausgehende Kanten). Im letzten Kantenzug, mit dem die Irrfahrt zur Startecke zurückkehrt, haben alle Ecken geraden Grad, insbesondere hat die Startecke dann den Grad $d_K(v_0) = 2$.*

Beweis. Beweis analog. ∎

PROPOSITION 6. *Jede Kante wird höchstens zweimal benutzt, bevor die Irrfahrt $\mathfrak{I}'$ in die Startecke zurückkehrt. Die maximale Länge $L'(G, v_0)$ wird deshalb beschränkt durch $2(m - d_G(v_0)) + 2$. Daraus folgt insbesondere*

$$L'(G, v_0) \;<\; \infty. \tag{2}$$

Beweis. Angenommen eine Kante würde ein drittes Mal benutzt. Dann gibt es eine Kante, die als erste zum dritten Mal benutzt wird. Die Ecke v_i, in der man sich dann befindet, hat nur inzidente Kanten, die genau zweimal benutzt wurden, und damit geraden Grad $d_K(v_i)$. Laut Lemma 2 muss sich die Irrfahrt in der Startecke befinden. Ein Widerspruch. ∎

VERMUTUNG 2. *Dieser Wert $L'(G, v_0) = 2(m - d_G(v_0)) + 2$ wird für $d_G(v_0) = 1$ angenommen und beträgt dann $2m$. Eine Irrfahrt $\mathfrak{I}'$ der maximalen Länge ist damit erfolgreich.*

5.1 Die deterministische Irrfahrt $\mathfrak{I}'$ auf Bäumen

PROPOSITION 7. *Für Bäume ist die Irrfahrt $\mathfrak{I}'$ erfolgreich gdw. der Grad der Startecke $d_G(v_0) = 1$. Die maximale Länge $L'(G, v_0) = 2m$ wird dann stets angenommen. Die Irrfahrt erzeugt auf Bäumen einen Tiefensuchbaum.*

Beweis. ($\Rightarrow$)
Angenommen jede Irrfahrt ist erfolgreich.
z.z.: Die Startecke hat den Grad $d_G(v_0) = 1$.

Da Bäume laut Definition keine Kreise besitzen, kehrt die Irrfahrt in der gleichen Kante wieder in die Startecke zurück, mit der sie gestartet ist. Andere Kanten, die die Startecke verlassen, werden nicht benutzt. Nichtsdestotrotz ist die Irrfahrt erfolgreich, sodass folgt, dass es in der Startecke nur eine Kante gibt.

($\Leftarrow$)

Angenommen die Startecke habe den Grad $d_G(v_0) = 1$.

z.z.: Die Irrfahrt ist erfolgreich.

Beweis durch vollständige Induktion nach der Tiefe z des Baumes.

Sei $n \geq 3$. Die Startecke v_0 werde zur Wurzel des Baumes durch Aufhängen an der Startecke.

Wenn die Tiefe z ab der Startecke 2 beträgt, so wird die Startecke verlassen in die Ecke u, und im Anschluss werden nacheinander alle Blätter $w_1, \ldots, w_p$ ausgewählt, woraufhin die Irrfahrt wieder in die Ecke u und daraufhin in die Startecke zurückkehrt. Als Weglänge ergibt sich $L' = 2m$.

Abb. 5.8: Baum mit der Tiefe $z = 2$

Wenn die Tiefe z ab der Startecke 3 beträgt, so wird die Startecke verlassen und in der Ecke u als nächstes (entsprechend der Abbildungen $(f_v)_{v \in V}$) die Ecke w_1 und die daran anschließenden Blätter jeweils einmal besucht, bis die Irrfahrt wieder in die Ecke u zurückkehrt. Danach wird von der Ecke u aus w_2 mit den anschließenden Blättern gewählt und bei der Rückkehr die Ecke u zum dritten Mal besucht usw., bis nach w_p die Ecke u insgesamt $d_G(u) = p + 1$ Mal erreicht wurde. Daraufhin kehrt die Irrfahrt in die Startecke zurück. Damit ergibt sich die Weglänge $L' = 2m$.

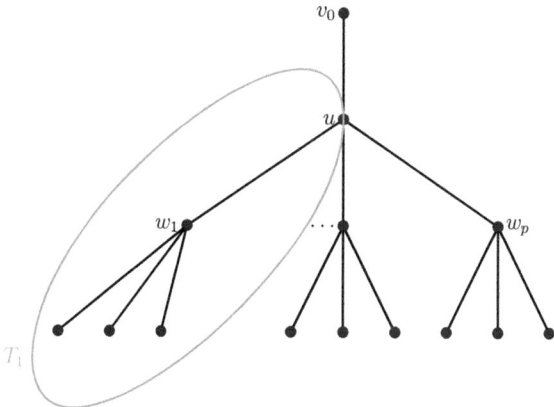

Abb. 5.9: Baum mit der Tiefe $z = 3$

Die Behauptung gelte also für $z = k$. Wenn die Tiefe z ab der Startecke $k+1$ beträgt, so wird ab der Ecke u eine erste Kante entsprechend der Abbildungen $(f_v)_{v \in V}$ ausgewählt, sodass für den Teilbaum T_1 ab Ecke u gilt: $z \leq k$ und damit für die entstehende Weglänge des Teilbaums $L_1' = 2m_1$, wobei m_1 die Anzahl an Kanten des Teilbaums bezeichne. Analog werden alle anderen Teilbäume $T_2, \ldots, T_p$, die von Ecke u ausgehen, abgelaufen. Danach kehrt die Irrfahrt in die Startecke zurück. Insgesamt ergibt sich

$$L' = \sum_{j=1}^{p} L_j' + 2 = \sum_{j=1}^{d_G(u)-1} 2m_j + 2 = 2m.$$

∎

Dies zeigt auch, dass für Bäume mit $d_G(v_0) = 1$ die Startecke nicht gesondert markiert werden muss. In dem Zug, in dem die Markierung einer Kante zum ersten Mal mit 3 erfolgen würde, befindet man sich in der Startecke – und die Struktur des Netzwerks ist vollständig bekannt.

Aus Proposition 6 folgt: In dem Zug, in dem die Markierung einer Kante zum ersten Mal mit 3 erfolgen würde, befindet man sich in der Startecke.

Für $d_G(v_0) = 1$ endet die Irrfahrt in diesem Zug. Für $d_G(v_0) \geq 2$ endet die Irrfahrt, bevor dieser Zug erreicht wird.

Das Netzwerk muss in diesem Zug nicht vollständig bekannt sein, wie der Graph mit $f_{v_j}(v_j v_i) = i, i \neq j$ in Abb. 5.10 zeigt.

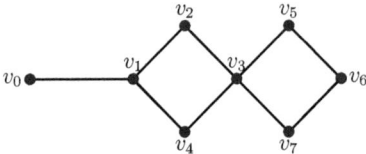

Abb. 5.10: Eine Irrfahrt $\mathfrak{I}'$ mit unvollständig bekanntem Netzwerk

Die Irrfahrt kehrt nach dem ersten Umrunden des ersten Kreises $v_2 v_3 v_4 v_1$ in die Startecke v_0 zurück und endet dort. Der zweite Kreis $v_5 v_6 v_7 v_3$ bleibt demnach unbekannt. Diesen Fakt kann man auch nicht beheben, indem man $f_{v_j}(v_j v_0) = \infty$ setzt für alle $j \in \{0, 1, \ldots, n-1\}$, denn für das folgende Beispiel Abb. 5.11 gilt:

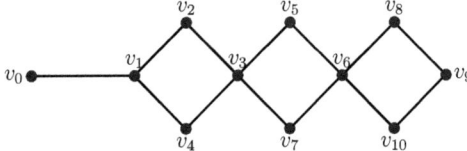

Abb. 5.11: Eine Irrfahrt $\mathfrak{I}'$ mit unvollständig bekanntem Netzwerk trotz der Zuweisung $f_{v_j}(v_j v_0) = \infty$

Zuerst werden die Kanten des ersten Kreises $v_2 v_3 v_4 v_1$ jeweils einmal benutzt. Danach wählt die Irrfahrt in v_1 erneut den ersten Kreis $v_2 v_3 v_4 v_1$ zum zweiten Mal und läuft infolgedessen ab v_3 den zweiten Kreis $v_5 v_6 v_7 v_3$ einmal ab, besucht v_4 zum zweiten Mal, bis die Irrfahrt wieder v_1 erreicht und nun v_0 wählen muss. Der dritte Kreis $v_8 v_9 v_{10} v_6$ bleibt unbekannt.

5.2 Die deterministische Irrfahrt $\mathfrak{I}'$ auf vollständigen Graphen K_n

Die maximale Länge für den vollständigen Graphen K_n mit $n = 2$ ist $L'(K_2, v_0) = 2$, und mit $n = 3$ ist $L'(K_3, v_0) = 3$.

Für eine gerade Anzahl $n \geq 4$ besucht eine Irrfahrt maximaler Länge von der Startecke v_0 aus die Ecke v_1, wählt von dort einen geschlossenen Eulerzug des vollständigen

Graphen K_{n-1} der Ecken $v_1, v_2, ..., v_{n-1}$, bis sie zur Ecke v_1 zurückkehrt, eine Kante zu einer Ecke $v_2, ..., v_{n-1}$ zum zweiten Mal benutzt und zur Startecke zurückkehrt. Es wird also für $v_1, ..., v_{n-1}$ der K_{n-1} vollständig abgelaufen und weitere drei Kanten hinzugefügt.

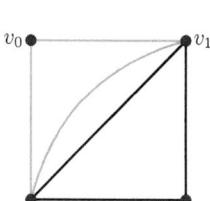 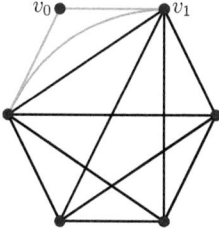

Abb. 5.12: Eine Irrfahrt $\mathfrak{I}'$ maximaler Länge auf dem vollständigen Graphen mit gerader Eckenanzahl

PROPOSITION 8. *Die maximale Länge für den vollständigen Graphen K_n mit einer geraden Eckenzahl $n \geq 4$ beträgt $L'(K_n, v_0) = \binom{n-1}{2} + 3$, und die zugehörige Irrfahrt enthält alle Ecken des vollständigen Graphen.*

Beweis. z.z.: Es existiert eine Irrfahrt mit diesem Kantenzug.

Da n gerade ist, ist $n - 1$ ungerade. Der vollständige Graph K_{n-1} hat folglich einen geraden Grad $d_{K_{n-1}}(v_i)$ in jeder Ecke $v_1, v_2, ..., v_{n-1}$. Laut dem Satz von Euler 1736 (vgl. [Graphentheorie], 24) existiert also ein geschlossener Eulerzug, der in v_1 beginnt und endet.

z.z.: Eine solche Irrfahrt hat maximale Länge.

Behauptung: Tritt im Kantenzug $v_0 v_1 ... v_{n-1}$ eine Kante doppelt auf, so beginnt sie in v_1.

Angenommen eine Kante beginne in $v_i \neq v_1$ und trete im Kantenzug zum zweiten Mal auf. Dann wurden folglich alle benachbarten Kanten $E(v_i)$ mindestens einmal besucht. Daraus ergibt sich, dass auch die Kante $v_i v_0$ benutzt wurde und damit die Irrfahrt endete. Ein Widerspruch.

Nachdem der vollständige Graph K_{n-1} abgelaufen wurde, wurden an allen Ecken $v_2, ..., v_{n-1}$ von den $n - 1$ inzidenten Kanten bereits $n - 2$ viele Kanten benutzt, sodass die Anzahl – gemäß den Regeln der Irrfahrt $\mathfrak{I}'$ – nur durch die Kante zur Startecke v_0 erhöht werden kann, wodurch die Irrfahrt endet. ∎

PROPOSITION 9. *Für den vollständigen Graphen K_n mit einer ungeraden Eckenzahl $n \geq 5$ beträgt die maximale Länge $L'(K_n, v_0) = \binom{n-1}{2} - \dfrac{n-1}{2} + 3 = \dfrac{n^2}{2} - 2n + \dfrac{9}{2}$, und die zugehörige Irrfahrt enthält alle Ecken des vollständigen Graphen.*

Beweis. z.z.: Es existiert eine Irrfahrt mit diesem Kantenzug.

Der vollständige Graph K_{n-1} ohne die Startecke hat $\binom{n-1}{2}$ viele Kanten. Allerdings hätte in diesem Graphen jede Ecke einen ungeraden Grad $d_{K_{n-1}}(v_i) = n - 2$, sodass es keinen geschlossenen Eulerzug gibt. Entfernt man nun im Graphen K_{n-1} die minimale Anzahl an Kanten, um gerade Grade zu erzeugen, erhält man den Graphen G', der die $\frac{n-1}{2}$ Kanten eines perfekten Matchings weniger enthält. Im Graphen G' liefert der Satz von Euler 1736 (vgl. [Graphentheorie], 24) einen geschlossenen Eulerzug, der in v_1 beginnt und endet. Hinzu kommen noch die zwei Kanten zu v_0 und eine Kante von v_1 zu einer der Ecken $v_2, \ldots, v_{n-1}$.

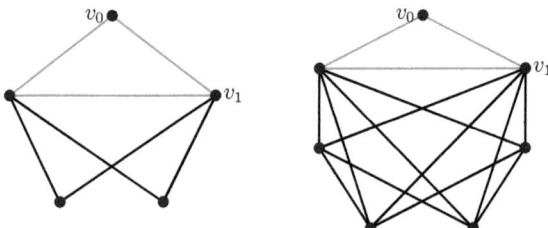

Abb. 5.13: Eine Irrfahrt $\mathfrak{I}'$ maximaler Länge auf dem vollständigen Graphen mit ungerader Eckenanzahl

z.z.: Eine solche Irrfahrt hat maximale Länge.

Der Graph K_{n-1} ohne die Startecke kann nicht vollständig abgelaufen werden, weil es aufgrund des ungeraden Grades $d_{K_{n-1}}(v_i) = n - 2$ keinen Eulerzug dieser Ecken gibt. Der maximale Weg zwischen diesen Ecken ist also der Eulerzug im Graphen G', der entsteht, in dem man aus dem K_{n-1} ein perfektes Matching entfernt. Keine Kante kann doppelt benutzt werden, weil in allen Kanten außer v_1 zuerst die Kante zu v_0 benutzt werden müsste, und in v_1 wurden erst mit dem vorletzten Zug, der die Kante des perfekten Matchings zu einem der $v_2, \ldots, v_{n-1}$ nutzt, alle inzidenten Kanten benutzt. Im letzten Zug muss als einzige Kante, die noch nicht genutzt wurde, die Kante zu v_0 genutzt werden. ∎

6 Zusammenfassung

Offensichtlich ist die Schranke $L(G, v_0) \leq (n-1) \cdot 2\Delta^{diam(G)} + 2$ für die Eckenversion $\Im$ auf dem allgemeinen Graphen aus Proposition 1 mit $\mathcal{O}(n \cdot \Delta^{diam(G)})$ sehr groß, wie die Differenz zur Schranke in Proposition 3 mit $\mathcal{O}(n \cdot \Delta^2)$ für den „balancierten Δ-Baum" zeigt. Die in Proposition 3 enthaltene Schranke $\Delta(\Delta - 1) + 1$ für die Besuchshäufigkeit einer Ecke des „balancierten Δ-Baums" ist scharf und kann deshalb nicht verbessert werden. Eine genaue Berechnung der entstehenden polynomischen Schranke für die maximale Länge $L(G, v_0)$ bringt nur eine marginale Verbesserung. Proposition 1 hingegen ließe sich für Caterpillars und Bäume verbessern durch einen Nachweis für Vermutung 1 mit $\mathcal{O}(n \cdot \Delta^3)$. Man kann vermuten, dass die Schranke auch für allgemeine Graphen verbessert werden kann.

Demgegenüber ist die Schranke für die Kantenversion $L'(G, v_0) \leq 2(m - d_G(v_0)) + 2$ aus Proposition 6 für Bäume mit $d_G(v_0) = 1$ scharf, wie Proposition 7 zeigt. Ein Nachweis von Vermutung 2 würde zeigen, dass diese Schranke für alle Graphen mit $d_G(v_0) = 1$ angenommen würde.

Zu dieser Vermutung 2 fällt sofort auf: Verdoppelt man alle Kanten von G in einem neuen gerichteten Graphen G' zu parallelen Kanten, die jeweils in entgegengesetzter Richtung gerichtet seien, so entsteht an jeder Ecke v_i ein gerader Grad $d_{G'}(v_i)$ und der Satz von Euler 1736 (vgl. [Graphentheorie], 24) liefert einen geschlossenen Eulerzug. Insbesondere beträgt der Grad $d_{G'}(v_0) = 2$, sodass v_0 zu Beginn verlassen und am Ende erreicht wird, ohne jedoch im Inneren des Eulerzugs vorzukommen.

Allerdings wäre an dieser Stelle nachzuweisen, dass aus dem entstehenden Eulerzug auf G' eine Kantenfolge auf G gewonnen werden kann, die stets die Regeln der Irrfahrt $\Im'$ mit den Abbildungen $(f_v)_{v \in V}$ erfüllt.

Die Anforderungen von Prof. Mikler erfüllen die deterministischen Irrfahrten $\Im$ und $\Im'$ nicht. Denn sie sind im Allgemeinen nicht erfolgreich, nur auf Bäumen sind sie immer erfolgreich, wenn die Startecke den Grad 1 hat. Dieses Ergebnis beeindruckt allerdings nicht, denn – wie Proposition 7 für $\Im'$ zeigt – liefert der Algorithmus der Tiefensuche (auf Bäumen) dasselbe Ergebnis wie die Irrfahrt $\Im'$ der Kantenversion.

Durch einen Nachweis für Vermutung 2 könnte in dieser Fragestellung ein Fortschritt erzielt werden, weil dadurch gezeigt wäre, dass eine Irrfahrt $\mathfrak{S}'$ der maximalen Länge für $d_G(v_0) = 1$ stets erfolgreich wäre. Eine solche Irrfahrt $\mathfrak{S}'$ maximaler Länge könnte demzufolge ein Netzwerk (mit $d_G(v_0) = 1$ bzw. mit einer angefügten Startecke mit dieser Eigenschaft) vollständig erforschen.

Beweise und Gegenbeweise zu den beiden Vermutungen sind ausdrücklich erwünscht an katrin.von-otte@muehlwaerts.de.

Die Frage von Prof. Mikler, ob es einen (möglichst deterministischen) Algorithmus gibt, der – allein durch Zählen der Besuche der Ecken bzw. Kanten – jede Ecke eines unbekannten Graphen mindestens einmal besucht und danach zur Ausgangsecke zurückkehrt, konnte mit diesen Betrachtungen nicht abschließend geklärt werden.

Literatur

[Graphentheorie] DIESTEL, Reinhard, *Graphentheorie*. Springer, Berlin/Heidelberg/New York, ³2006.

[ALD14] ALDOUS, David, FILL, James Allen, *Reversible Markov Chains and Random Walks on Graphs*. 2002, Unfertige Monographie, überarbeitet 2014, verfügbar unter http://www.stat.berkeley.edu/~aldous/RWG/book.html – Einsichtnahme: 14.09.2015.

[ATI13] SARMA, Atish Das, MOLLA, Anisur Rahaman, PANDURANGAN, Gopal, UPFAL, Eli, Fast Distributed PageRank Computation. In: *Distributed Computing and Networking*, Springer, Berlin/Heidelberg, 2013, S. 11-26.

[BAC11] BACKSTROM, Lars, LESKOVEC, Jure, Supervised Random Walks: Predicting and Recommending Links in Social Networks. In: *Proceedings of the fourth ACM international conference on Web search and data mining*, ACM, New York, 2011, S. 635-644.

[COO14] COOPER, Colin, LEE, Sang Hyuk, RADZIK, Tomasz, SIANTOS, Yiannis, Recommender systems based on random walks. In: *Proceedings of the 23rd International Conference on World Wide Web*, Genf, 2014, S. 811-816.

[DOY06] DOYLE, Peter G., SNELL, J. Laurie, *Random walks and electric networks*. 2006, GNU FDL, verfügbar unter https://math.dartmouth.edu/~doyle/docs/walks/walks.pdf – Einsichtnahme: 14.09.2015.

[LOV93] LOVÁSZ, László, Random walks on graphs: A survey. In: *Combinatorics, Paul Erdős is Eighty*, 1993, 2. Jg., Nr. 1, S. 1-46.

[MAD93] MADRAS, Neal, SLADE, Gordon, *The Self-Avoiding Walk*. Birkhäuser, Boston, 1993.

[PEA05] PEARSON, Karl, The Problem of the Random Walk. In: *Nature*, 1905, Nr. 72, S. 294, 318, 342. Verfügbar unter http://www.nature.com/physics/lookingback/pearson/index.html – Einsichtnahme: 20.01.2016.

[POL21] PÓLYA, Georg, Über eine Aufgabe der Wahrscheinlichkeitsrechnung betreffend die Irrfahrt im Straßennetz. In: *Mathematische Annalen*, 1921, Nr. 84, S. 149-160.

[WOE00] WOESS, Wolfgang, *Random Walks on Infinite Graphs and Groups*. Cambridge tracts in mathematics 138, Cambridge University Press, Cambridge, 2000.

[ZEM96] ZEMANIAN, Armen H., *Transfiniteness for Graphs, Electrical Networks and Random Walks*. Birkhäuser, Boston, Basel, Berlin, 1996.

Abbildungsverzeichnis